ANALYSE

DES EAUX

THERMALES ET MINERALES

DU

PLAN DE FASY,

SOUS MONT-LYON,

DISTRICT D'EMBRUN.

PAR FRANCOIS ÉMANUEL FODERÉ,

Médecin de l'Hôpital Militaire d'EMBRUN.

A EMBRUN,

DE L'IMPRIMERIE DE LOUIS MOYSE.

AN III.ᵉ DE LA RÉPUBLIQUE.

ANALYSE

DES EAUX

THERMALES ET MINERALES

DU

PLAN DE FASY.

Les eaux minérales du Plan de Fasy jouissant d'une réputation assez étendue dans l'opinion publique de ces contrées, soient relativement à la chaleur qu'elles contiennent, soit par-rapport à leurs principes minéraux, j'ai cru utile à la chose publique de les examiner, pour que, si réellement elles contiennent des principes salutaires, elles pussent être employées à la santé des troupes qui sont dans le cas de venir dans les hôpitaux circonvoisins; en conséquence je me suis transporté à leur source, le 25 vendé-

A 2.

miaire proche passé, avec le citoyen Villan, *agent national* du district, qui a bien voulu m'y accompagner.

§ Ier. les eaux du Plan de Fasy coulent du sud au nord par quatre cancaux ; (il y a quelques années qu'il n'y en avoit que trois) d'une montagne schisteuse, dont la base du côté qui regarde Mont-Lyon et Guillestre, est surmontée d'un banc de gips. Le terrein qu'elles parcourrent, est en grande partie recouvert d'une croute ochreuse, ou pour m'exprimer mieux, d'une terre calcaire avec oxide de fer.

L'eau coule très-abondamment dans des canaux profonds qu'elle s'est formée, et l'une de ses branches vient aboutir dans des fossés creusés de mains d'homme, où l'on prend les bains en plein air, d'où il résulte souvent plus de mal que de bien, par-rapport au changement subit de température.

Ces eaux laissent échapper à assez gros bouillons, un gas inodore que j'ai reconnu être le gas acide carbonique. Elles déposent par ce moyen à l'embouchure de leurs conduits, des flocons ochreux qui ne sont pas onctueux, mais friables, et que je regarde particulièrement être calcaréo ferrugineux.

J'avois oüi dire, et j'ai lu ensuite que ces eaux déposoient aussi du sulphate de magnésie, ou *sel d'epsom* : mais je n'en ai pu observer aucune trace dans leur alentour ; on a pu prendre pour du sel d'epsom, des incrustations sulphato calcaires qui recouvrent la mousse qui croît dans l'un des bassins; mais il est clair que ce n'est que de la *sélénite*; l'on verra d'ailleurs dans le courant de cette analyse, que ce n'est pas du *sel d'epsom* que contiennent les eaux du Plan de Fasy.

§ II. Le goût de ces eaux est nauséabonde, mélangé de la saveur salée et ferrugineuse, sans amertume.

Une des quatre sources, m'ayant paru mêlée avec l'eau commune, puisqu'elle n'avoit ni la chaleur, ni le même degré de sapidité que les autres, je la négligeai, imitant en cela les gens du pays, pour ne m'occuper que des trois autres.

Mon thermomêtre, celui de Réaumur, étant à 10 degrès, je le plongeai dans l'intérieur du canal, aux trois sources, il monta à 23 degrès, et j'observe que ce n'est pas là le maximum de chaleur de ces eaux, puisque l'expérience étoit nécessairement faite en plein air, et que plus je plongeai mon thermomêtre en avant, dans le canal, plus le mercure montoit; mais comme j'étois obligé de le plonger horisontalement, je ne tiens pas compte du surplus de chaleur qu'il m'a offert, plongé de cette manière ; on peut néammoins en juger avec la main.

Je jettai une pincée de noix de galle en poudre, dans trois verres pleins de l'eau de chaque canal. Il se manifesta aussitôt dans chaque verre, la couleur de vin clairet, sans aucune différence ni de l'un ni de l'autre.

Ayant pris sur les lieux tous les renseignemens nécessaires, je fis remplir une bouteille de l'eau de chaque source, et je repartis pour Embrun, dans le dessein d'en faire l'analyse aussi-bien qu'il est possible, avec peu de moyens.

Quelqu'ennuyeux que soient au lecteur les détails d'une analyse, je crois de mon devoir d'exposer les moyens que j'ai employés, soit pour qu'on puisse les répéter et juger ce travail, ainsi que les eaux qui en sont l'objet, avec connoissance de cause, soit pour que je ne sois pas accusé d'une petite charlatanerie, dont, malheureusement pour les sciences, sont susceptibles quelques hommes avides de réputation, qui citent souvent des expériences qu'ils n'ont pas faites.

ANALYSE
PAR LES RÉACTIFS.

NOIX DE GALLE.

§ III. Le lendemain de mon arrivée à Embrun, j'examinai si l'eau contenue dans mes trois bouteilles numérotées, 1 , 2 , 3 , donneroit encore indice de fer, c'est-à-dire, si elle contiendroit encore le gas acide carbonique que la couleur de vin clairet développée par l'acide gallique, m'indiquoit assez être le dissolvant du fer. Notez que mes bouteilles avoient été très sécouées , parce que j'étois revenu au grand trot; les bouteilles n.º 1 et n.º 3 , ne donnerent plus aucune indice de fer, mais la bouteille n.º 2 , tirée de la source du milieu, me donna la même couleur de vin clairet , que sur le lieu. Je me rappellai pour-lors que cette bouteille n.º 2 , étoit la seule que j'avois remplie et bouchée moi-même , et que les autres l'avoient été par ceux qui m'accompagnoient, et que probablement , ils n'avoient pas eu le soin de les boucher dans l'eau. Il est vrai cependant de dire que les gens du pays

préférent pour prendre en boisson, l'eau de
la source du milieu, à l'eau des sources laté-
rales. Cette bouteille conserva pendant trois
jours la propriété de rougir avec l'acide gallique.

§ IV. Je versai de cet eau dans cinq verres.

Dans le premier, je mis quelques gouttes
de potasse liquide . . . . précipité blanc très-
copieux.

2. Ammoniaque . . . *idem*, moins copieux.

3. Acètite de plomb . . . *idem*, très-copieux,
grains en forme de demi lune.

4. Muriate de mercure . . . . . rien.

5. Nitrate d'argent . . . . rien - n. Ce der-
nier réactif m'ayant paru infidelle, je regarde
cette expérience comme nulle.

ÉVAPORATION.

§ V. Je mis évaporer sur un feu doux, dans
la pharmacie de l'hôpital, deux livres et deux
onces de l'eau du Plan de Fasy. Sur la fin de
l'évaporation, il se forma sur la liqueur une
pellicule composée de très-petits cristaux cubiques que nous reconnumes au goût et à la
forme, le citoyen DELEUTRE pharmacien en chef,
et moi, approcher beaucoup du sel muriatique
ordinaire.

L'évaporation finie, le résidu pesé sur un filtre de poids connu, aptès avoir été bien desséché, étoit du poids de 67 grains.

§ VI. je délayai ce résidu dans cinquante fois son poids d'eau, je l'agitai, ensuite le laissai reposer. Les matières insolubles s'étant précipitées, et la liqueur étant limpide, je filtrai. Le poids de la matière insoluble, desséchée, fut de 23 grans ; donc il restoit de matière en dissolution, 44 grains.

§ VII. Pour examiner la nature de cette matière insoluble, je la fis digerer avec de l'acide sulphurique étendu d'eau. Il se fit d'abord une grande effervescence. Quand la saturation fut complette, je versai sur cette matière, 700 fois son poids d'eau chaude, et je laissai reposer.

§ VIII. La liqueur étant claire et filtrée, la matière insoluble pesa 15 grains, dont partie sulphate calcaire, partie silice, le tout teint de taches jaunatres, ferrugineuses.

§ IX. je divisai en deux parts cette liqueur, § VIII; dans l'une, je versai de la potasse, et dans l'autre, de l'ammoniaque.

La potasse occasionna un précipité abondant, analogue aux précipités calcaires.

L'ammoniaque ne troubla rien; donc la terre dissoute au poids de 8 grains par l'acide sulphurique, § VII, n'étoit ni de l'alumine, ni de la magnésie, mais bien de la chaux.

§ X. Je mis évaporer la dissolution , § VI., sur un feu doux, pour retirer les 44 grains de matière dissoute, et l'examiner. La pellicule fut très-légère , point de cristaux, à part quelques grains plats et cubiques, comme § V.

Le résidu de l'évaporation absorboit l'humidité de l'air , avoit un goût salé, nauséabonde et absolument analogue à la saveur des sels muriates - terreux.

§ XI. Ce résidu fut divisé en deux parts.

Je versai sur l'une quelques gouttes d'acide sulphurique -- effervescence et odeur muriatique.

L'autre fut dissoute dans l'eau chaude à la même température qu'à la fontaine --- même saveur que sur le lieu, plus nauséabonde cependant , puisqu'elle contenoit plus de sel , en proportion du dissolvant.

§ XII. Cette derniere dissolution fut encore divisée en deux parties égales, à dessein d'examiner à fond qu'elle étoit la base unie à l'acide muriatique, § XI.

Dans l'une, je versai de l'ammoniaque . . . . précipité en floccons.

Dans l'autre, de la potasse. . . . précipité *idem*, et les deux verres ayant été laissés en repos, pour que les précipités se fissent égalemet ; le lendemain, les précipités se trouverent égaux.

Donc, dans ces eaux , quoiqu'il paroisse qu'elles contiennent un peu de muriate de soude, § V, l'acide muriatique y est en majeure partie uni à une base terreuse.

Donc, cette base terreuse n'est ni de chaux, ni d'alumine, mais bien magnésienne.

§ XIII. Il résulte que les eaux du Plan de Fasy contiennent par livre, poids de marc.

Muriate de magnésie . . . . . 21 grains.

Chaux pure, ou néutralisée par le gas acide carbonique . . . . . . 3 grains et demi.

Silice et sélénite , environ 8 grains.

Très-peu de muriate de soude que je n'ai pu estimer , et peut-être seulement la 10.e de grain de fer minéralisé par le gas acide carbonique.

§ XIV. Je me suis complettement assuré de la présence du gas acide carbonique, au moyen de l'eau de chaux.

Je pris trois verres numérotés, 1, 2 et 3. N.° 1 fut rempli de l'eau , donnant encore indice de fer; dans n.° 2 , je mis de l'eau, ne donnant plus aucun indice de fer . . . enfin le n.° 3 fut rempli d'eau ordinaire, tenant en dissolution une quantité de sulphate de magné sie , égale à la quantité de sel que contient l'eau minérale, pour servir de sujet de comparaison.

La dissolution de chaux versée sur n.° 1 , occasionna promptement un précipité blanc , jaunatre , et il se fit aussitôt à la surface la pellicule ordinaire de carbonate de chaux. J'agitai avec ce mélange une très-petite quantité de poudre de noix de galle; le précipité devint aussitôt verd foncé.

La même expérience faite sur n.° 2, ne présenta pas tout-à-fait les mêmes résultats. Le précipité fut aussi blanc jaunatre, mais la noix de galle ne le changea pas en verd foncé.

Enfin, la dissolution de chaux versée sur le n.° 3, n'occasionna d'autre précipité que celui qui arrive avec les sels de magnésie, c'est-à-dire, lent, blanc et floconneux, sans pellicule à la surface.

Il paroît donc que le gas acide carbonique est ici le vrai dissolvant du fer.

§ XV. Je fis encore une expérience à cet effet; ayant donné la couleur rouge à cet eau par l'addition de la poudre de noix de galle, j'y versai quelques gouttes d'acide nitrique; aussitôt la couleur fut détruite. j'imaginai de la rendre par le moyen du carbonate de potasse, en ayant en effet saturé l'acide nitrique, la couleur de vin clairet fut aussitôt rendue. Ce qui prouve au-de-là, encore, que c'est le gas acide carbonique qui dissout le fer, enlevé ensuite par l'acide gallique, auquel les acides minéraux peuvent l'enlever à leur tour, et le ceder ensuite, suivant les loix des affinités respectives.

D'après cette analyse, grossière il est vrai,

(13)

mais qui contient au moins en grand, l'exposé
fidelle des principes constituans des eaux du Plan
de Fasy; il est évident que soit qu'on les consi-
dère sous le rapport des sels qu'elles contiennent,
soit qu'on les regarde comme eaux thermales,
non-seulement elles ne sont pas à négliger,
mais au contraire il paroît qu'il seroit utile
de les soigner et d'en faire usage „ il seroit à
désirer, comme l'a dit le citoyen Nicolas méde-
„ cin de Grenoble , que le gouvernement
„ ordonnât la construction des bâtimens néces-
„ saires pour recevoir et traiter les troupes qui
„ sont en garnison dans la *province du Dauphiné*.
„ L'État gagneroit beaucoup à l'établissement
„ que nous proposons, soit parce qu'il éparg-
„ neroit les frais de route, soit parce que le
„ soldat à portée des eaux, en retireroit plus
„ d'utilité , lorsqu'il n'auroit essuyé aucune
„ fatigue de voyage. Mem. sur les malad. épidem.
„ et depuis 1780. par. M. Nicolas. Grenoble,
„ 1786. p. 87 et 88.

Effectivement , parmi tant de malades qui
sont traités à Mont-Lyon et à Embrun , il y
en a toujours beaucoup qui sont affectés de
douleurs artritiques, et dont la plûpart sont
envoyés aux eaux minérales de Digne , éloignées
de 15 lieues de pays, de ces deux garnisons.
Mais s'il y avoit un établissement au Plan de
Fasy, que d'avantages la République n'en reti-
reroit-elle pas , soit pour elle, soit pour ses

défenseurs qui ont rarement, en voyage, tous les soins nécessaires à leur santé, soit qu'ils ne le puissent pas, soit qu'ils les négligent.

J'estime, il est vrai, les eaux thermales de Digne, plus puissantes que celles du Plan de Fasy. Elles sont hydro-sulphurées, et contiennent d'après une analyse extemporanée que j'en ai faite, beaucoup de muriate de soude; il n'est pas douteux par-conséquent, que dans beaucoup de cas graves, où il faut quelque chose de plus que du calorique, pour animer la fibre organisée, ces eaux ne doivent être préférées à cause de l'hydro-sulphure-gazeux qu'elles contiennent; mais dans un grand nombre de cas, où l'on ne peut douter que le calorique pur, joint à l'eau, remplit toutes les indications que nous cherchons dans les bains, nous ne pouvons pas douter, dis-je, que les eaux du Plan de Fasy ne suffisent; nous en avons un exemple dans les fameuses eaux d'Aix *en Provence*, que je sais avoir été très-avantageuses, quoique je ne pense pas qu'elles contiennent autre que du calorique, tandis que les eaux du Plan de Fasy leur sont supérieures en ce qu'elles tiennent en dissolution un sel muriatique qui joint à la chaleur, doit les rendre fort utiles dans les maladies de la peau.

Je n'ai eu qu'une seule fois l'occasion d'employer les eaux du Plan de Fasy, depuis que je les ai examinées, et ce fut en boisson, sur une malade attaquée d'engorgemens des viscères du bas ventre; je les ai trouvées décidément purgatives et diurétiques. Je n'ai donc pu prendre d'autres éclaircissemens sur les propriétés pratiques de ces eaux, que chez le public qui s'en sert dès-long-temps au hazard, et qui en fait les plus grands éloges qu'on peut lire dans l'ouvrage cité ci-dessus, qui n'en parle aussi que d'après des oüi-dire; mais il suffit de connoître l'analyse d'une eau minérale, pour prononcer sur ses propriétés; on peut assurer, sans craindre d'être confondu avec les jongleurs, que dès-qu'une eau minérale contient une grande quantité de calorique, qu'on peut encore augmenter en le concentrant par des édifices, que cet eau a les vertus qu'on a de tout remps atteudu des bains chauds; et que lorsqu'elle est impregnée de principes salins et ferrugineux, elle est purgative et diurétique, et par-conséquent aussi apéritive, si les médecins physiciens veulent admettre cette propriété dans certains remèdes.

Or, tel est le cas des eaux du Plan de Fasy; leur température est utile là, où l'on a besoin d'appliquer sur le corps la chaleur humide. Le muriate de magnésie qu'elles renferment, offre de grands avantages pour les cas, où il faut introduire chaque jour dans le corps humain, une dose déterminée de sels néutres dans de longs véhicules, pour entretenir la liberté des

(16.)

premières voies : enfin, par le fer qu'elles contiennent, elles sont encore utiles toutes les fois
qu'il convient d'introduire ce métal extrême-
ment divisé pour la cure de certaines maladies
chroniques; et avec d'autant plus d'avantages,
que ces eaux souffrent le transport , qu'elles
ne perdent leur fer qu'au bout de quelques
jours, si les bouteilles ont été bouchées métho-
diquement , et si elles ont été remplies à la
fontaine du milieu, pour plus grande sûreté. § III.

Il n'existe dans la plaine où se trouvent ces
eaux , qu'un seul édifice qui en est éloigné à
peu-près de 10 minutes, et dont le propriétaire
permettroit qu'on fit usage, avec les indemnités
convénables; il seroit seulement nécessaire qu'on
fit à la source un établissement pour les bains;
en réunissant les trois branches, on pourroit
beaucoup les multiplier. Cet établissement ne
coûteroit pas des grandes dépenses à la République, dont elle seroit d'ailleurs amplement
dédommagée par la diminution des frais de
route, et le soulagement de ses enfans; mais
ceci passe les bornes de mon sujet, j'ai seulement voulu, en exposant l'analyse des eaux du
Plan de Fasy, indiquer le parti qu'on en pourroit
tirer , ainsi que mes fonctions m'en faisoient
un devoir.

Embrun , 19 Frimaire an 2e de la République Française, une et indivisible.

1

9 782019 256869